上海市地方标准化指导性技术文件

市政用埋地塑料排水检查井技术标准

Standard for buried plastic drainage inspection wells for municipal use

DB31 SW/Z 041—2023

主编单位：上海市排水管理事务中心
　　　　　上海市政交通设计研究院有限公司
批准部门：上海市水务局
施行日期：2024年1月1日

同济大学出版社

2024　上海

图书在版编目(CIP)数据

市政用埋地塑料排水检查井技术标准 / 上海市排水管理事务中心，上海市政交通设计研究院有限公司主编. 上海：同济大学出版社，2024.8. -- ISBN 978-7-5765-1290-8

Ⅰ.TU991.12-65

中国国家版本馆CIP数据核字第2024EA6410号

市政用埋地塑料排水检查井技术标准

上海市排水管理事务中心
上海市政交通设计研究院有限公司 主编

责任编辑　朱　勇
责任校对　徐春莲
封面设计　陈益平

出版发行　同济大学出版社　www.tongjipress.com.cn
　　　　　（地址：上海市四平路1239号　邮编：200092　电话：021-65985622）

经　　销　全国各地新华书店
印　　刷　苏州市古得堡数码印刷有限公司
开　　本　889mm×1194mm　1/32
印　　张　2.375
字　　数　60 000
版　　次　2024年8月第1版
印　　次　2024年8月第1次印刷
书　　号　ISBN 978-7-5765-1290-8
定　　价　30.00元

本书若有印装质量问题，请向本社发行部调换　　版权所有　侵权必究

上海市水务局文件

沪水务〔2023〕997号

上海市水务局关于印发《市政用埋地塑料排水检查井技术标准》的通知

各区水务局：

《市政用埋地塑料排水检查井技术标准》已经2023年11月13日局长办公会议审议通过，批准为上海市地方标准化指导性技术文件，统一编号为DB31 SW/Z 012—2023。现印发给你们，请遵照执行。

特此通知。

上海市水务局
2023年12月6日

上海市水务局文件

沪水务〔2023〕1054号

上海市水务局关于更新有关水务标准化指导性技术文件编号的通知

各有关部门、各单位：

根据《上海市水务局（上海市海洋局）标准化管理办法》中明确的标准化指导性技术文件编号规则，现就《上海市河湖健康评价技术指南（试行）》等12部标准化指导性技术文件更新编号，具体更新详见附件，请遵照执行。

特此通知。

附件：标准化指导性技术文件编号更新表

上海市水务局

2023年12月18日

附件

标准化指导性技术文件编号更新表

序号	名称	原编号	现编号
1	《上海市河湖健康评价技术指南(试行)》	DB31 SW/Z 001—2023	DB31 SW/Z 030—2023
2	《上海市给水工程设计概(估)算编制规定》	DB31 SW/Z 002—2023	DB31 SW/Z 031—2023
3	《上海市排水工程设计概(估)算编制规定》	DB31 SW/Z 003—2023	DB31 SW/Z 032—2023
4	《上海市生产建设项目水土保持全过程管理工作指南》	DB31 SW/Z 004—2023	DB31 SW/Z 033—2023
5	《上海市圩区治理导则(试行)》	DB31 SW/Z 005—2023	DB31 SW/Z 034—2023
6	《上海市小型水闸安全评价导则》	DB31 SW/Z 006—2023	DB31 SW/Z 035—2023
7	《上海市建设项目排水设计方案编制导则》	DB31 SW/Z 007—2023	DB31 SW/Z 036—2023
8	《上海市建设项目施工期临时排水设计方案编制导则》	DB31 SW/Z 008—2023	DB31 SW/Z 037—2023
9	《上海市住宅小区室外雨污水设施运行维护及管理技术导则(试行)》	DB31 SW/Z 009—2023	DB31 SW/Z 038—2023
10	《上海市农村生活污水治理设施标志设置导则》	DB31 SW/Z 011—2023	DB31 SW/Z 039—2023
11	《上海市农村生活污水治理设施编码导则》	DB31 SW/Z 010—2023	DB31 SW/Z 040—2023
12	《市政用埋地塑料排水检查井技术标准》	DB31 SW/Z 012—2023	DB31 SW/Z 041—2023

前 言

为贯彻落实国家《城镇排水与污水处理条例》和《上海市排水与污水处理条例》的相关要求,在排水工程建设中节约资源能源、减少施工污染,提高绿色协同和装配施工水平,提升排水工程建设质量,规范和指导本市市政用埋地塑料排水检查井的工程应用,上海市排水管理事务中心和上海市政交通设计研究院有限公司会同有关单位共同编制了上海市地方标准化指导性技术文件《市政用埋地塑料排水检查井技术标准》(以下简称"本标准")。

本标准编写过程中,编制组依据国家工程建设方面的有关政策和规范,在总结本市埋地塑料排水检查井工程实践经验和大量试验研究的基础上,综合考虑了地质水文条件、埋深、城市施工交通组织的实际情况,对市政用埋地塑料排水检查井系统设计、结构设计、施工与安装、质量检验与验收等多个环节开展研究,广泛征求了设计、施工、科研等有关单位意见,并经上海市水务局技术审查后定稿。

本标准共分 8 章和 3 个附录,主要内容包括:总则;术语和符号;材料及要求;系统设计及选用;结构设计;施工;质量检验与验收;维修养护;附录 A—C。

各单位及相关人员在执行本标准过程中,如有意见和建议,请反馈至上海市排水管理事务中心(地址:上海市黄浦区厦门路 180 号;邮编:200001;E-mail:smda_sh@126.com)或上海市政交通设计研究院有限公司(地址:上海市徐汇区南丹东路 106 号 5 楼;邮编:200030;E-mail:litong@smedi.com),以供今后修订时参考。

主 编 单 位：上海市排水管理事务中心
上海市政交通设计研究院有限公司
参 编 单 位：（排名不分先后）
上海浦东建筑设计研究院有限公司
上海建科检验有限公司
上海富宝建材有限公司
上海清远管业科技股份有限公司
浙江东方豪博管业有限公司
上海宏波工程咨询管理有限公司
上海市城市建设设计研究总院(集团)有限公司
主要起草人员：沈 浩 李 彤 覃大伟 苗 春 李英琦
陈殿军 葛启愚 白 杰 苏长裕 周传庭
王 静 赵 妍 宫俊哲 施大堃 谢予婕
李永刚 李继诚 艾 涛 苏跃辉

目 次

- 1 总 则 …………………………………………………… 1
- 2 术语和符号 …………………………………………… 2
  - 2.1 术 语 …………………………………………… 2
  - 2.2 符 号 …………………………………………… 3
- 3 材料及要求 …………………………………………… 6
  - 3.1 一般规定 ………………………………………… 6
  - 3.2 井底座 …………………………………………… 8
  - 3.3 井 筒 …………………………………………… 8
  - 3.4 配 件 …………………………………………… 9
  - 3.5 密封材料 ………………………………………… 9
- 4 系统设计及选用 ……………………………………… 11
  - 4.1 一般规定 ………………………………………… 11
  - 4.2 检查井系统设计 ………………………………… 11
  - 4.3 检查井选用 ……………………………………… 12
  - 4.4 盖座系统的选用 ………………………………… 14
- 5 结构设计 ……………………………………………… 15
  - 5.1 一般规定 ………………………………………… 15
  - 5.2 永久作用标准值 ………………………………… 16
  - 5.3 可变作用标准值、准永久值系数 ……………… 17
  - 5.4 抗浮计算 ………………………………………… 18
  - 5.5 强度计算 ………………………………………… 19
  - 5.6 压曲稳定计算 …………………………………… 20
  - 5.7 基础设计 ………………………………………… 22
  - 5.8 回填设计 ………………………………………… 23

- 6 施 工 ·· 29
  - 6.1 一般规定 ·· 29
  - 6.2 运输与储存 ·· 29
  - 6.3 井坑开挖及基础施工 ································ 30
  - 6.4 井的安装 ·· 31
  - 6.5 井筒接管 ·· 33
  - 6.6 井坑回填 ·· 33
  - 6.7 盖座系统的安装 ···································· 34
- 7 质量检验与验收 ·· 36
  - 7.1 产品质量检验 ······································ 36
  - 7.2 井坑质量检验 ······································ 38
  - 7.3 安装质量检验 ······································ 40
  - 7.4 密闭性试验 ·· 43
  - 7.5 竣工验收 ·· 43
  - 7.6 验收文件 ·· 43
- 8 维修养护 ·· 45
- 附录 A 检查井样式图 ······································ 46
- 附录 B 直线塑料排水检查井强度及壁厚选用表 ················ 49
- 附录 C 检查井工程质量验收记录表 ·························· 51
- 本标准用词说明 ·· 52
- 引用标准名录 ·· 53
- 条文说明 ·· 55

1 总　则

1.0.1 为规范和指导本市排水管道工程中市政用埋地塑料排水检查井的设计、施工、安装、验收及维修养护，做到技术先进、经济合理、安全适用、确保质量，特制定本标准。

1.0.2 本标准适用于本市新建、扩建和改建的市政用埋地塑料排水检查井的设计、施工、安装、验收及维修养护。

1.0.3 本标准市政用埋地塑料排水检查井适用于采用高密度聚乙烯（HDPE）和玻璃纤维增强聚酯材料（FRPM）制作的塑料检查井。

1.0.4 市政用埋地塑料排水检查井适用于汇入管道管径在 300 mm～2 000 mm 范围内、管顶覆土不超过 6 m、排水温度不大于 40℃ 的雨水及污水管道系统。

1.0.5 市政用埋地塑料排水检查井在排水工程的应用中，应结合城市的有机更新，在不断总结科研和生产实践的基础上，践行绿色、低碳的生态理念，发挥工程效能。

1.0.6 市政用埋地塑料排水检查井的设计、施工、安装、验收及维修养护除应执行本标准外，尚应符合国家和地方现行有关标准的规定。

2 术语和符号

2.1 术 语

2.1.1 市政用埋地塑料排水检查井(简称检查井) buried plastic drainage inspection wells for municipal use

以高密度聚乙烯(HDPE)或玻璃纤维增强聚酯材料(FRPM)为主要基材制作的用于市政排水管道的连接、清通、检查的井状构筑物,一般由井底座、井筒、井盖及配件等组成。

2.1.2 井底座 base

塑料排水检查井底部连接排水管和井筒或收口锥体的部件。

2.1.3 井筒 riser shaft

连接检查井井底座或收口锥体,并通向地面的筒状部件。

2.1.4 收口锥体 cone

当井底座和井筒尺寸不一致时,用以连接井底座和井筒的锥形过渡连接部件。

2.1.5 盖座系统 manhole coverlid structure system

由井盖、井座、基座及基座基础等组成的,用于安装检查井盖的整体装置的统称。

2.1.6 基座 coverlid support

设置于井筒(或井室盖板)与井座间,用于支撑井座的钢筋混凝土构件。

2.1.7 基座基础 base of coverlid support

用于支撑基座的钢筋混凝土构件。

2.1.8 防沉降基座 coverlid support with base preventing settlement

用于支撑井盖及井座,并将路面荷载均匀地传递到井筒周围土体的钢筋混凝土基座和基座基础组成的双层结构。

2.1.9 分离式盖座系统 independent manhole coverlid structure system

盖座系统选用分离式检查井井盖井座,使地面荷载不作用在井筒上的检查井井盖井座结构。井筒与分离式井盖井座之间保持一定的间隙,以避免井筒直接承受地面荷载作用。

2.1.10 挡圈 antiextrusion ring

采用分离式结构的检查井,设置在盖座和井筒间空隙的环状防护隔离装置,用以防止杂物落入塑料检查井内;若挡圈与井筒之间填入防水材料,可阻止地面的水进入井周围。

2.1.11 特制排水低强度流态回填材料(简称 SDBM) Special Design Backfilling Materials for drainage

一般以土、砂石、工矿业废弃物、再生骨料等细颗粒为主要基料,加入适量胶凝材料、掺合料、外加剂和水等多种材料,经特殊配制拌合形成的一种具有一定流动性,浇筑时可自密实成型,凝结硬化后具有一定强度、弹性模量等性能,满足工程设计要求的回填材料。

2.2 符 号

2.2.1 材料性能

E_a——井筒材料的长期轴向受压弹性模量;

E_d——井侧土的综合变形模量;

E_n——井侧的原状土变形模量;

E_t——井筒环向受压的长期弹性模量;

f——检查井结构的抗压强度或抗拉强度设计值;

I_t —— 井筒水平截条竖向横截面对竖向形心轴的惯性矩;
SN —— 井筒的长期环刚度;
W —— 井筒 1 mm 长度轴向绕纵向轴的最小抗弯模量;
ν_a —— 井筒材料长期轴向受压的泊松比;
V —— 井底座体积。

2.2.2 作用及作用效应

F_d —— 回填土下曳力设计值;
$F_{d,k}$ —— 下曳力标准值;
F_{ep} —— 侧向主动土压力设计值;
$F_{ep,k1}$ —— 作用于检查井井筒顶部的侧向土压力标准值;
$F_{ep,k2}$ —— 作用于检查井井筒底部的侧向土压力标准值;
$F_{ep,k3}$ —— 作用于检查井地下水位线处的侧向土压力标准值;
F_L —— 可变作用设计值;
$F_{L,k}$ —— 可变作用标准值;
F_r —— 径向压力设计值;
F_{sv} —— 结构自重和土的竖向压力设计值;
$F_{sv,k}$ —— 竖向土压力标准值;
F_w —— 地下水压力设计值;
$F_{w,k}$ —— 地下水对检查井的浮托力标准值;
$F_{kw,k}$ —— 检查井抗浮力标准值;
G_k、G —— 检查井自重标准值、设计值;
M_e —— 回填土不均匀导致的附加弯矩设计值;
$N_{acr,k}$ —— 轴向的临界压力标准值;
N_t —— 径向压力在截面内产生的环向压力设计值;
$N_{t,k}$ —— 检查井井筒每延米的环向压力标准值;
$N_{tcr,k}$ —— 检查井井筒每延米的环向临界压力标准值;
$T_{a,k}$ —— 无地下水时检查井井筒单位面积上的平均下曳力标准值;
$T_{b,k}$ —— 地下水位之下检查井井筒单位面积上的平均下曳力标准值;

σ——作用效应的基本组合压应力或拉应力设计值；

σ_a——井筒轴向压应力设计值；

σ_t——井筒环向压应力设计值。

2.2.3 几何参数

A_a——井筒的横截面净面积,须扣除孔洞面积；

A_t——井筒 1 mm 长度轴向截面的净面积,对中空壁管应扣除孔洞的面积；

B——井坑底部净尺寸；

b——检查井井底座一侧工作面净宽；

DN——公称直径；

D——井筒外径；

D_1——井底座外径；

H——井底以上填土高度；

h——汇入管覆土高度；

H_c——检查井收口锥体底部的覆土高度；

H_w——井底以上的浸水高度；

$H_{v,1}$——地下水位之下回填土与井筒接触的高度；

R_0——检查井的计算半径(井筒中心轴半径)；

Z_w——地下水位埋深。

2.2.4 计算系数及其他

B'——弹性支撑经验系数；

K_f——检查井抗浮稳定性抗力系数；

R——浮力折减系数；

γ_0——结构重要性系数；

γ_s——回填土的重力密度；

γ_w——水的重度标准值；

μ——检查井井筒与回填土之间的摩擦系数。

3 材料及要求

3.1 一般规定

3.1.1 检查井的材料及要求除应符合本标准的规定外,尚应符合现行行业标准《市政排水用塑料检查井》CJ/T 326、《塑料排水检查井应用技术规程》CJJ/T 209 的规定。

3.1.2 检查井可分为井筒直壁式检查井(图 3.1.2-1)、井筒收口式检查井(图 3.1.2-2)及管件式检查井(图 3.1.2-3)。

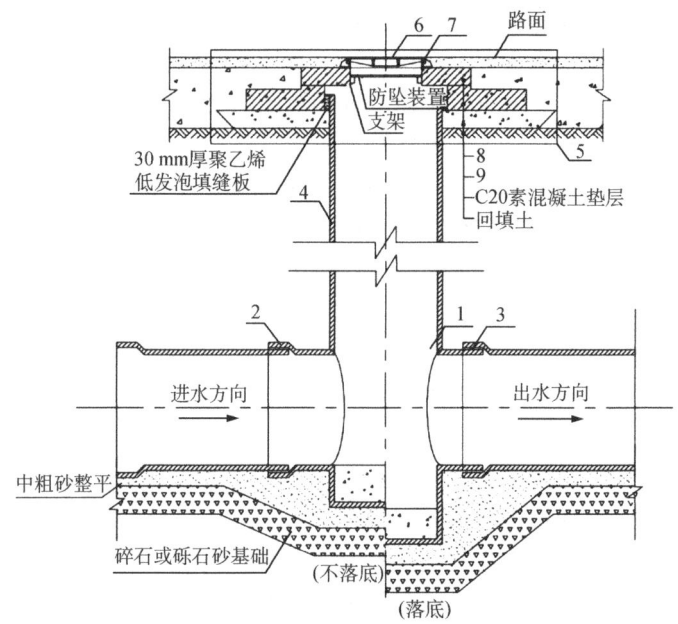

1—井底座；2—检查井承口；3—检查井插口；4—井筒；5—盖座系统；
6—井盖；7—井座；8—基座；9—基座基础

图 3.1.2-1 井筒直壁式检查井

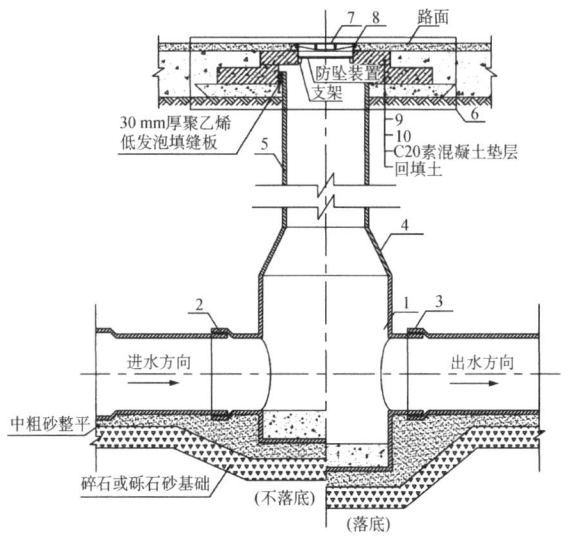

1—井底座；2—检查井承口；3—检查井插口；4—收口锥体；5—井筒；
6—盖座系统；7—井盖；8—井座；9—基座；10—基座基础

图 3.1.2-2　井筒收口式检查井

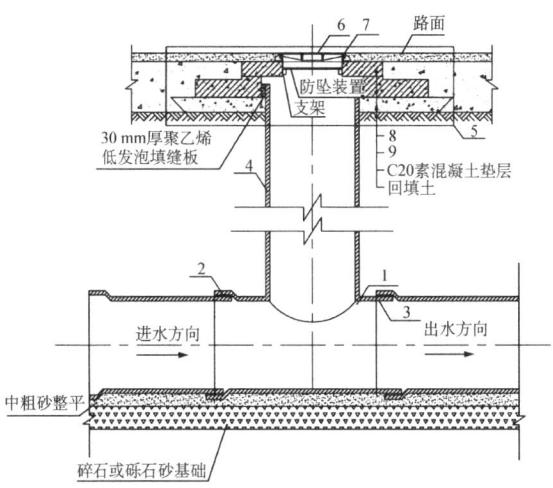

1—井底座；2—检查井承口；3—检查井插口；4—井筒；5—盖座系统；
6—井盖；7—井座；8—基座；9—基座基础

图 3.1.2-3　管件式检查井

3.1.3 检查井部件(井底座、井筒和配件等)的材料性能应符合相应材质的国家或行业标准的要求。

3.1.4 检查井井盖应符合现行国家标准《检查井盖》GB/T 23858 的要求。

3.2 井底座

3.2.1 井底座采用高密度聚乙烯(HDPE)或玻璃纤维增强聚酯材料(FRPM)为主要基材制作,原材料应采用全新料制作。

3.2.2 井底座构造应符合下列要求:

  1 井底座与井筒端面或收口锥体端面采用热熔焊接或承插方式连接,连接方式应安全可靠。

  2 井筒式检查井的井底座流槽应在厂内制作完成,宽度应与管径匹配,流槽高度应与管中持平。当 2 根或 2 根以上的汇入管接入井底座时,井底座内应有水流导向的曲线构造,避免水流对冲堵塞管道。

  3 井底座内壁应光滑、平整。表面不应有气泡和有害的伤痕、裂口、凹陷、色泽不均及分解变色线。

3.3 井 筒

3.3.1 井筒宜选用与井底座同材质材料,井筒采用的管材应根据井筒的直径、埋设深度、埋地排水管道的管材、井底座与井筒连接方式、环刚度等因素确定,采用高密度聚乙烯缠绕结构壁管或玻璃纤维增强塑料夹砂管等,并应符合相应管材标准的要求。

3.3.2 井筒应符合下列要求:

  1 以高密度聚乙烯材料制作的井筒应符合现行国家标准《埋地用聚乙烯(PE)结构壁管道系统 第 2 部分:聚乙烯缠绕结构壁管材》GB/T 19472.2 的要求。

2 以玻璃纤维增强聚酯材料制作的井筒应符合现行国家标准《玻璃纤维增强塑料夹砂管》GB/T 21238 的要求。

3.3.3 井筒的环刚度不应小于 $8\ kN/m^2$。

3.4 配 件

3.4.1 检查井连接配件包括连接管件、收口锥体、挡圈等,应由塑料排水检查井生产厂配套供应。

3.4.2 收口锥体材料宜与井筒、井底座的材料相同;材料稳定性能指标应满足表 3.4.2 的要求。

表 3.4.2 收口锥体的稳定性能指标(kPa)

项目	条件					要求
稳定性能	收口锥体覆土深 H_c(m)	地下水位埋深 Z_w(m)				不塌陷、无裂缝
		$0 \leqslant Z_w < 1$	$1 \leqslant Z_w < 2$	$2 \leqslant Z_w < 3$	$3 \leqslant Z_w < 4.2$	
	$0.7 \leqslant H_c \leqslant 1$	−45	−40	−40	−40	
	$1 < H_c \leqslant 2$	−40	−35	−30	−30	
	$2 < H_c \leqslant 3$	−55	−50	−45	−40	
	$3 < H_c \leqslant 4.2$	−70	−70	−65	−60	

3.4.3 挡圈应采用塑料管材、板材等柔性材料加工而成,或采用钢筋混凝土预制构件。

3.4.4 检查井连接管件与配件的材料应与塑料排水检查井材质相适应,物理力学性能应符合所选用塑料排水管道的国家现行有关标准的要求。

3.5 密封材料

3.5.1 检查井接口采用承插连接时,应采用橡胶圈密封,并符合下列要求：

1 管道承插接口的弹性密封橡胶圈，应由塑料排水检查井生产厂配套供应。

2 弹性密封橡胶圈的外观应光滑平整，不得有气孔、裂缝、卷褶、破损、重皮等缺陷。

3 弹性密封橡胶圈应采用氯丁橡胶或其他具有耐腐蚀性能相似的合成橡胶，其性能应符合现行国家标准《橡胶密封件 给、排水管及污水管道用接口密封圈 材料规范》GB/T 21873 的要求。

3.5.2 当塑料排水检查井接口采用其他密封材料时，应符合相应材料标准的要求。

4 系统设计及选用

4.1 一般规定

4.1.1 检查井的系统设计及选用应符合现行国家标准《室外排水设计标准》GB 50014 的有关规定。

4.1.2 检查井应设置在市政排水管道的起始处、交汇处、转弯处、变坡处、变径处、跌水处以及直线段的每隔一定距离处。

4.1.3 检查井的规格和材质应根据工程地质条件,排水管道的管径、材质、埋深、接口型式,以及检查井的使用功能、维修养护需要等因素确定。

4.1.4 非落底检查井的井底座应设流槽,井底座承口与上游管道连接处应管顶平接,井底座插口与下游管道连接处应管底平接。

4.1.5 接入检查井的连接管或支管的总数量不应超过 3 根。

4.2 检查井系统设计

4.2.1 市政道路机动车道、非机动车道下采用分离式结构的塑料排水检查井时,应选用防沉降基座;人行道、绿化带下采用分离式结构的塑料排水检查井时,宜采用普通基座。

4.2.2 排水支管接入塑料排水检查井井筒时,应按下列要求设置:

    1 塑料排水检查井井筒直径应与排水支管管径相匹配,并满足表 4.3.4-1、表 4.3.4-2 的要求。

    2 接入井筒的承口或插口短管管径大于或等于 600 mm 时,

其与井筒连接应在厂内制作完成。

3 接入井筒的承口或插口短管管径小于 600 mm 时,其与井筒连接宜在厂内制作完成;必须现场开孔时,井筒开孔方式、与排水支管连接方式必须确保结构受力安全稳定。

4 在同一高程上接入井筒时,井筒接管处必须确保结构受力安全稳定。

4.2.3 检查井与金属管道、混凝土管道或其他材质管道相连接时,应根据管道材质设置专用过渡接头,并采用弹性密封橡胶圈柔性连接的方式连接。

4.2.4 检查井井底座应有稳固的基础;检查井与排水管道连接处,应采取防止不均匀沉降的措施。

4.2.5 检查井与排水管道采用弹性密封橡胶圈连接时,橡胶圈应处于弹性变形范围内。

4.3 检查井选用

4.3.1 直线检查井应根据汇入管直径选用:汇入管径小于 1 200 mm 时,宜优先选用井筒式检查井;汇入管径大于或等于 1 200 mm 时,宜优先选用管件式检查井。

4.3.2 非直线检查井宜选用井筒式检查井。

4.3.3 支管大于 600 mm 的雨污水检查井、倒虹井及沉泥井,宜选用井筒式检查井。

4.3.4 直线检查井汇入管(含接入管及流出管)直径和管顶覆土、井底座直径、井筒直径及检查井型式,宜按表 4.3.4-1、表 4.3.4-2 选用。

表4.3.4-1 检查井(井筒式直线井)选用表

汇入管直径DN(mm)	汇入管覆土h(m)	最小井底座直径(mm)
300	$h \leqslant 3.0$	700
	$3.0 < h \leqslant 6.0$	1 000
400~600	$h \leqslant 2.0$	700
	$2.0 < h \leqslant 4.0$	1 000
	$4.0 < h \leqslant 6.0$	1 200
700~800	$h \leqslant 2.0$	1 000
	$2.0 < h \leqslant 3.0$	1 000
	$3.0 < h \leqslant 6.0$	1 200
900~1 000	$h \leqslant 2.0$	1 200
	$2.0 < h \leqslant 3.0$	1 200
	$3.0 < h \leqslant 6.0$	1 500

注:最小井筒直径应大于或等于700 mm。

表4.3.4-2 检查井(管件式直线井)选用表

汇入管直径DN(mm)	汇入管覆土h(m)	最大井筒直径(mm)
1 200	$h \leqslant 6.0$	800
1 300	$h \leqslant 6.0$	1 000
1 400	$h \leqslant 6.0$	1 000
1 600	$h \leqslant 6.0$	1 200
1 800	$h \leqslant 6.0$	1 200
2 000	$h \leqslant 6.0$	1 200

注:最小井筒直径应大于或等于700 mm。

4.3.5 直线检查井井底座强度等级和最小壁厚,宜按附录B选用。

4.3.6 井筒式收口型检查井的井底座高度不宜小于1.8 m,污水检查井井底座高度应由流槽顶算起,雨水(合流)检查井井底座高度应由管内底算起。

4.4 盖座系统的选用

4.4.1 井盖的材质应与地面荷载相适应,应考虑设置场所、井筒直径和井筒的管材等因素。

4.4.2 采用分离式盖座系统的塑料排水检查井,其井盖井座的基座、基座基础设计荷载应满足检查井所处位置的地面荷载要求。

4.4.3 采用防沉降基座(基座+基座基础)的塑料排水检查井,基座基础与塑料排水检查井筒体之间应采用密封防水材料填充;采用普通基座(仅基座)的塑料排水检查井,基座下的回填材料与塑料排水检查井筒体之间应设置挡圈。

5 结构设计

5.1 一般规定

5.1.1 检查井的结构设计应采用以概率理论为基础的极限状态设计方法,以可靠指标度量结构构件的可靠度;当按承载能力极限状态计算时,除对结构稳定性验算外均采用含分项系数的设计表达式进行设计。

5.1.2 结构设计使用年限不得低于50年。

5.1.3 结构设计应计算下列两种极限状态:

  1 承载能力极限状态:包括结构构件的强度计算、压曲稳定计算、抗浮计算和抗拔计算。

  2 正常使用极限状态:包括井体结构的变形计算。

5.1.4 塑料排水检查井的计算分析模型应符合下列原则:

  1 按弹性体系计算,不考虑分析由非弹性变形所产生的塑性内力重分布。

  2 井筒应按上端自由、下端弹性固定的柱壳模型计算。

5.1.5 塑料排水检查井井筒在准永久组合作用下的径向最大允许变形率应为5%,轴向最大允许变形率应为1.5%。

5.1.6 当对井底座和检查井整体进行强度计算时,应采用荷载试验或三维模型进行结构内力分析。

5.1.7 塑料排水检查井的地基基础设计应符合现行国家标准《建筑地基基础设计规范》GB 50007的要求。

5.1.8 塑料排水检查井的地基处理应按现行行业标准《建筑地基处理技术规范》JGJ 79的有关规定执行,地基处理方案与管道地基处理方案协调一致。

5.2 永久作用标准值

5.2.1 结构自重的标准值应按结构的设计尺寸与材料单位体积的自重计算确定。

5.2.2 作用在塑料排水检查井上的侧向土压力应按现行国家标准《给水排水工程构筑物结构设计规范》GB 50069 的有关规定进行计算。

5.2.3 作用在塑料排水检查井井筒上的下曳力标准值可按下列公式计算：

1 无地下水时

$$F_{d,k} = T_{a,k} \pi D_1 H \qquad (5.2.3\text{-}1)$$

$$T_{a,k} = \mu(F_{ep,k1} + F_{ep,k2})/2 \qquad (5.2.3\text{-}2)$$

式中：$F_{d,k}$——下曳力标准值(kN)；

D_1——井筒外径(m)；

H——井底以上填土高度(m)；

$T_{a,k}$——无地下水时检查井井筒单位面积上的平均下曳力标准值(kPa)；

$F_{ep,k1}$——作用于检查井井筒顶部的侧向土压力标准值(kPa)；

$F_{ep,k2}$——作用于检查井井筒底部的侧向土压力标准值(kPa)；

μ——检查井井筒与回填土之间的摩擦系数，应根据试验资料确定，当缺乏试验资料时，若井外壁光滑，摩擦系数 μ 可按表 5.2.3 选用。

表 5.2.3 检查井井筒与回填土之间的摩擦系数 μ

回填土		μ
		平壁管
软土	无地下水	0.12
	有地下水	0.065

续表5.2.3

回填土		μ
		平壁管
黏性土、粉土	无地下水	0.2
	有地下水	0.1
砂土	无地下水	0.25
	有地下水	0.075

注：井壁周围回填中、粗砂后，摩擦系数按砂土取值。

2 有地下水时

$$F_{d,k} = \pi D_1 [\mu(F_{ep,k1} + F_{ep,k3})(H - H_w)/2 + T_{b,k}H_w]$$
(5.2.3-3)

$$T_{b,k} = \mu(F_{ep,k2} + F_{ep,k3})/2 \quad (5.2.3\text{-}4)$$

式中：H_w——井底以上浸水高度（m）；

$T_{b,k}$——地下水位之下检查井井筒单位面积上的平均下曳力标准值（kPa）；

$F_{ep,k3}$——作用于检查井地下水位线处的侧向土压力标准值（kPa）。

5.2.4 作用在塑料排水检查井内的水压力应按设计水位的静水压力计算。对雨水塑料检查井，水的重度标准值可取 10.0 kN/m^3；对污水塑料检查井，水的重度标准值可取 $10.0 \text{ kN/m}^3 \sim 10.8 \text{ kN/m}^3$。

5.3 可变作用标准值、准永久值系数

5.3.1 地面堆积荷载标准值应按不小于 10.0 kN/m^2 计算，准永久值系数取 0.5。

5.3.2 车辆荷载可参考现行行业标准《城市桥梁设计规范》CJJ 11 选取，车辆荷载的准永久值系数可取 0.5。车辆荷载的动力系数可按现行国家标准《给水排水工程管道结构设计规范》

GB 50332 的有关规定选用。

5.3.3 车辆荷载等级按城市道路实际行车情况确定,当车轮位于承压板范围以内时,应考虑承压板对轮压的扩散作用,轮压在回填土中的扩散角可按 35°考虑。

5.3.4 地面堆积荷载与车辆荷载不应同时计算,应选用荷载效应较大者。

5.3.5 地下水对井筒作用的标准值应按下列条件确定:

1 井筒上的水压力应按静水压力计算。

2 水压力标准值的相应设计水位,应根据地勘报告确定。对于可能出现的最高和最低水位,应结合近期变化及工程设计基准内可能的发展趋势确定。

3 水压力标准值的相应设计水位,应根据对结构的荷载效应确定取最高水位或最低水位。当取最高水位时,相应的准永久值系数可取平均水位与最高水位的比值;当取最低水位时,相应的准永久值系数应取 1.0。

4 地下水对塑料排水检查井的浮托力,应按下式计算:

$$F_{w,k} = (\pi/4 \cdot D^2 H_{v,1} + V)\gamma_w \qquad (5.3.5)$$

式中:$F_{w,k}$——地下水对检查井的浮托力标准值(kN);

γ_w——水的重度标准值(kN/m³);

$H_{v,1}$——地下水位之下回填土与井筒接触的高度(m);

V——井底座体积(m³)。

5.4 抗浮计算

5.4.1 塑料排水检查井的抗浮计算,应满足下式要求:

$$F_{kw,k} \geqslant K_f F_{w,k} \qquad (5.4.1)$$

式中:K_f——检查井抗浮稳定性抗力系数(当抗浮力以下曳力为主时不低于 1.3,当抗浮力以竖向土压力或抗浮混

凝土为主时不低于1.1);

$F_{kw,k}$——抗浮力标准值(kN);

$F_{w,k}$——浮托力标准值(kN),应按本标准第5.3.4条确定。

5.4.2 塑料排水检查井抗浮力标准值可按下式计算:

$$F_{kw,k}=G_k+F_{d,k} \qquad (5.4.2)$$

式中:$F_{kw,k}$——检查井抗浮力标准值(kN);

G_k——检查井自重标准值(kN);

$F_{d,k}$——下曳力标准值(kN)。

5.5 强度计算

5.5.1 塑料排水检查井的截面强度计算应采用下列极限状态设计表达式:

$$\gamma_0 \sigma \leqslant f \qquad (5.5.1)$$

式中:γ_0——结构重要性系数;

σ——作用效应基本组合压应力或拉应力设计值;

f——结构抗压强度或抗拉强度设计值,可按表5.5.1采用。

表5.5.1 材料的强度设计值和弹性模量(MPa)

名称	抗压强度设计值	抗拉强度设计值	弹性模量
HDPE	≥8	≥6.4	≥800
FRPM	≥90	—	≥8 000

5.5.2 井筒的环向压应力可按下列公式计算:

$$\sigma_t = \frac{N_t}{A_t} + \frac{M_e}{W} \qquad (5.5.2\text{-}1)$$

$$N_t = F_r R_0 \qquad (5.5.2\text{-}2)$$

$$F_r = F_{ep} + F_w \qquad (5.5.2\text{-}3)$$
$$M_e = 0.025 R_0 N_t \qquad (5.5.2\text{-}4)$$

式中： σ_t ——井筒环向压应力设计值（MPa）；

A_t ——井筒1mm长度轴向截面的净面积（mm²），对中空壁管应扣除孔洞的面积；

W ——井筒1mm长度轴向绕纵向轴的最小抗弯模量（mm³）；

N_t ——径向压力在截面内产生的环向压力设计值（N/mm）；

M_e ——回填土不均匀导致的附加弯矩设计值（Nmm/mm）；

R_0 ——井筒计算半径（mm）；

F_r、F_{ep}、F_w ——径向压力、侧向主动土压力、地下水压力设计值（MPa）。

5.5.3 井筒的轴向压应力可按下式计算：

$$\sigma_a = (G + F_d + F_L + F_{sv})/A_a \qquad (5.5.3)$$

式中：σ_a ——井筒轴向压应力设计值（MPa）；

G ——井筒自重设计值（N）；

F_d ——回填土下曳力设计值（N）；

F_L ——可变作用设计值（N）；

F_{sv} ——结构自重和土的竖向压力设计值（N）；

A_a ——井筒的横截面净面积（mm²），应扣除孔洞面积。

5.5.4 强度计算作用组合工况可按表5.5.4的规定执行。

表5.5.4 强度计算作用组合

工况	永久作用				可变作用		
	结构自重	竖向土压力	侧向土压力	井筒下曳力	车辆荷载	堆积荷载	地下水压力
工况1	√	√	√	√	√	—	√
工况2	√	√	√	√	—	√	√

5.6 压曲稳定计算

5.6.1 塑料排水检查井井筒的环截面压曲稳定计算应符合下列

规定：

1 井筒环截面压曲稳定应满足下式要求：

$$N_{tcr,k}/N_{t,k} \geqslant 2.0 \quad (5.6.1-1)$$

$$N_{t,k} = F_{r,k} R_0 \quad (5.6.1-2)$$

式中：$N_{tcr,k}$——检查井井筒每延米的环向临界压力标准值(N/mm)；

$N_{t,k}$——检查井井筒每延米的环向压力标准值(N/mm)。

2 地下水位以上井筒的环截面压曲失稳的临界压力可按下式计算：

$$N_{tcr,k} = 1.4 R_0 \cdot SN^{1/3} \cdot E_n^{2/3} \quad (5.6.1-3)$$

式中：SN——井筒的长期环刚度(MPa)，由产品厂家提供；

E_n——井侧原状土的变形模量(MPa)，由试验确定，当缺乏试验数据时，可按现行国家标准《给水排水工程管道结构设计规范》GB 50332确定。

3 地下水位以下井筒的环截面压曲失稳的临界压力可按下式计算：

$$N_{tcr,k} = 5.65 R_0 \sqrt{SN \cdot R \cdot B' \cdot E_d} \quad (5.6.1-4)$$

式中：R——浮力折减系数，$R = 1 - 0.33 H_w/H$；

B'——弹性支撑经验系数，$B' = 1/(1 + 4e^{-0.213H})$；

H_w——井底以上浸水高度(m)；

H——井底以上填土高度(m)；

E_d——井侧土综合变形模量(MPa)，由试验确定，当缺乏试验数据时，可按现行国家标准《给水排水工程管道结构设计规范》GB 50332确定。

4 井筒的长期环刚度SN可按下式计算：

$$SN = E_t I_t / (D_0^3) \quad (5.6.1-5)$$

式中：E_t——井筒环向受压的长期弹性模量(MPa)，玻璃纤维增强塑料夹砂（FRPM）井筒按表 5.5.1 弹性模量的 0.5 倍取值；

I_t——井筒水平截条竖向横截面对竖向形心轴的惯性矩（mm^4/mm）（对平壁管，单位长度的 I_t 可直接用 $\frac{t^3}{12}$ 代入得到管环的 SN 值；对双壁波纹管、肋壁管等异形结构壁管及复合材料管，应按管壁结构的具体截面构造计算 I_t 值，一般由生产厂家提供）；

D_0——管环的计算直径。

5.6.2 塑料排水检查井的轴向压曲稳定计算应符合下列规定：

1 检查井的轴向压曲稳定应满足下式要求：

$$N_{acr,k}/(G_k+F_{d,k}+F_{L,k}+F_{sv,k}) \geqslant 2.0 \quad (5.6.2\text{-}1)$$

式中： $N_{acr,k}$ ——轴向临界压力标准值(N)；

G_k、$F_{d,k}$、$F_{L,k}$、$F_{sv,k}$——结构自重、下曳力、可变作用、竖向土压力标准值(N)。

2 检查井轴向压曲失稳的临界压力可按下式计算：

$$N_{acr,k}=\frac{\sqrt[3]{12I_t} \cdot E_a \cdot A_a}{R_0\sqrt{3(1-\nu_a^2)}} \quad (5.6.2\text{-}2)$$

式中：E_a——井筒材料长期轴向受压弹性模量(MPa)，由产品厂家提供，可取本标准表 5.5.1 中弹性模量的 0.2～0.5 倍；

ν_a——井筒材料长期轴向受压的泊松比，由产品厂家提供；

A_a——井筒的横截面净面积(mm^2)，应扣除孔洞面积。

5.7 基础设计

5.7.1 检查井地基基础设计应按现行国家标准《建筑地基基础

设计规范》GB 50007 和现行上海市工程建设规范《地基处理技术规范》DG/TJ 08—40、《地基基础设计标准》DGJ 08—11 的有关规定执行。当进行地基基础计算时，应以检查井为满水状态进行计算。

5.7.2 检查井基础做法应根据地质勘察资料和回填土下曳力，经计算确定。当无资料时，可按下列规定执行：

1 砂土、岩石、砂砾土土质时，井坑原土夯实后，可在坑内填铺 100 mm 的中粗砂基础。

2 软土土质时，井坑原土夯实后，可在坑内铺 200 mm 砾石砂或 150 mm 碎石，碎石公称粒径为 5 mm～40 mm，上铺 50 mm 中粗砂基础。

3 基础宽出井底座外缘宽度不小于 300 mm。

4 以上基础的压实系数均不宜小于 0.90。

5.8 回填设计

5.8.1 塑料排水检查井回填的纵向长度，每侧为井筒管径的 3 倍；回填的横向宽度，至两侧沟槽边缘，且每侧回填材料的宽度不小于 400 mm。

5.8.2 塑料排水检查井与管道宜采用同种回填材料，可采用中粗砂、细碎石、粉煤灰等符合设计要求的级配砂石料，或特制排水低强度流态回填材料。

5.8.3 回填材料不得采用淤泥、淤泥质土、垃圾等杂质，最大粒径不得超过 40 mm，同时不得夹杂石块、砖头等尖硬物体。

5.8.4 井底座、井筒周围应回填至管顶以上 0.5 m。回填材料应采用人工分层沿井筒周边均匀对称回填同步上升，每层回填高度不宜大于 0.2 m。不得使检查井产生位移和倾斜，并控制井筒的变形量，严禁机械回填。各部位回填土压实度应符合设计要求。当设计无规定时，可按图 5.8.4-1、图 5.8.4-2 的规定。

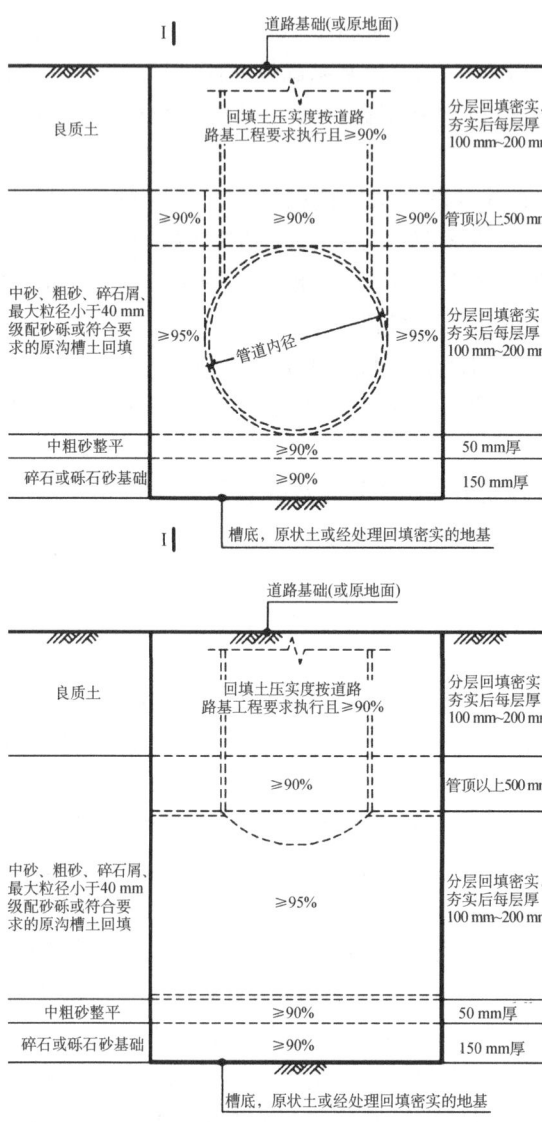

图 5.8.4-1 管件式检查井回填示意图

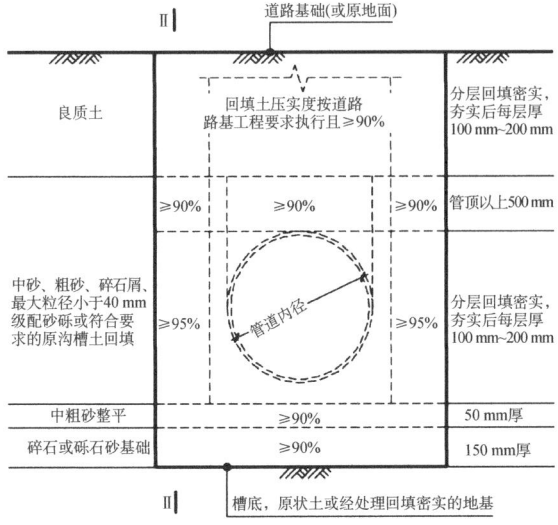

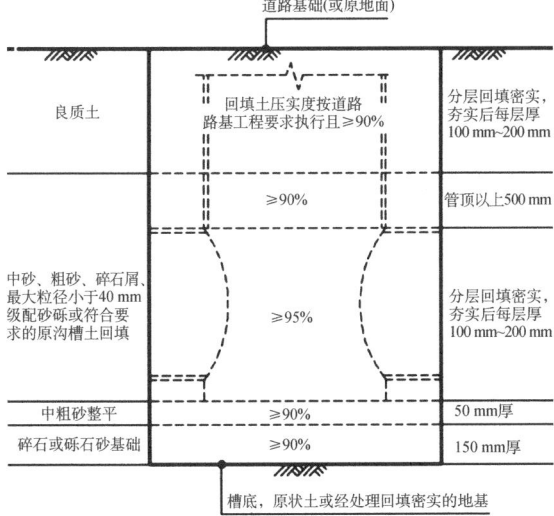

图 5.8.4-2 井筒式检查井回填示意图

5.8.5 采用特制排水低强度流态回填材料回填时,应符合图 5.8.5-1、图 5.8.5-2 和表 5.8.5 的规定。

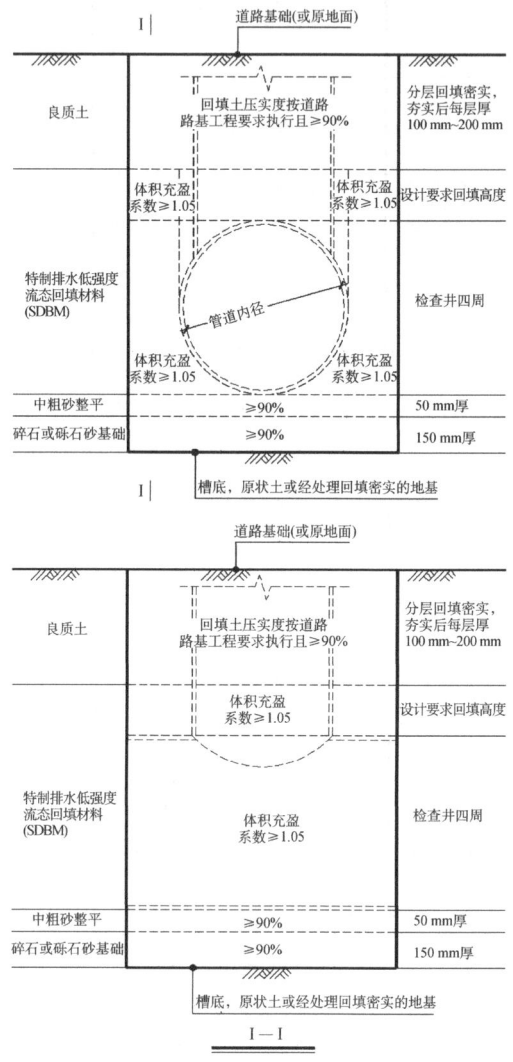

图 5.8.5-1 管件式检查井特制排水低强度流态回填材料回填示意图

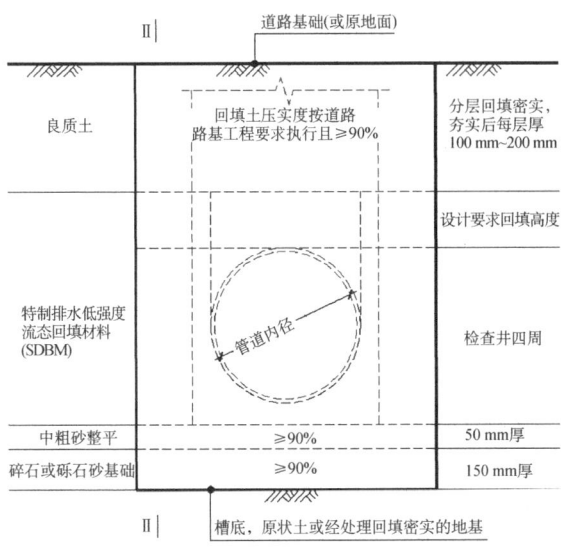

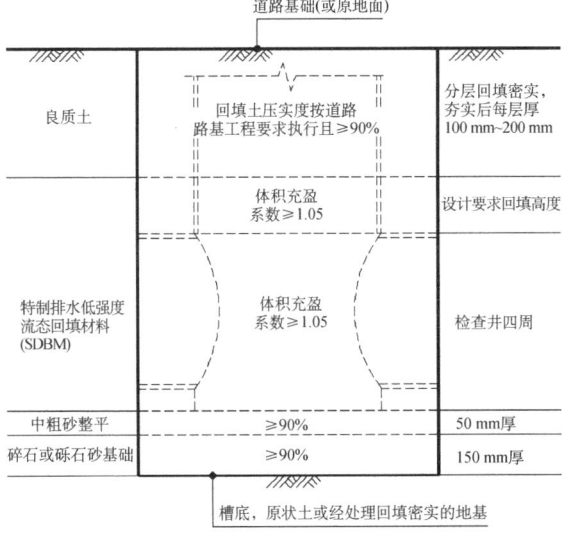

图 5.8.5-2 井筒式检查井特制排水低强度流态回填材料回填示意图

表 5.8.5 检查井周特制排水低强度流态回填材料与压实度

填土部位	压实度(%)	回填材料
检查井基础	≥90	碎石、砾石砂、中粗砂
检查井四周	体积充盈系数≥1.05	特制排水低强度流态回填材料
设计要求回填高度		
管顶以上 0.5 m～1.0 m	≥90	原土

注:体积充盈系数＝材料的实际回填方量/该施工回填断面的理论计算体积。

6 施 工

6.1 一般规定

6.1.1 检查井施工应符合现行国家标准《给水排水管道工程施工及验收规范》GB 50268 和现行上海市工程建设规范《城镇排水工程施工质量验收规范》DG/TJ 08—2110 的相关规定和设计文件要求。

6.1.2 检查井安装前,应与排水管道同时完成技术交底工作。

6.1.3 检查井进入施工现场前,应检查厂家提供的出厂质量合格证书、型式(性能)检验报告、使用说明书。

6.1.4 检查井施工前,应根据已确认的检查井有关技术参数,编制施工方案,其主要内容应包括工程概况、汇入管道(包括支连管)位置及连接形式、检查井安装连接形式、主要施工方法、主要机械设备配置、施工质量保证和安全措施等。施工方案应按规定程序批准后方可实施。

6.1.5 检查井施工方案中应包括检查井预安装的内容,对检查井的各部件进行编号,并说明安装的具体过程。

6.1.6 检查井井盖的安装应与道路路面施工协同进行。

6.2 运输与储存

6.2.1 检查井部件的运输应符合下列规定:
   1 搬运时,应轻拿轻放,不得滚、拖、抛。
   2 当采用机械设备吊装时,应采用非金属绳(带)吊装。
   3 运输时,应竖直放置,并采用非金属绳(带)捆绑、固定,并应有防晒措施。

6.2.2 检查井的贮存应符合下列规定：

1 应放置在通风良好的棚内,并远离热源,且应有防火措施。

2 露天临时存放时,应采取防晒措施,且不宜长期露天存放。

3 水平摆放时,应有水平支撑物,并应有防止承口变形、损坏的措施,不得叠压码放。

4 严禁与油类或化学品混合存放。

6.3 井坑开挖及基础施工

6.3.1 检查井井坑的开挖应符合下列规定：

1 应在排水管道基础质量和管沟坡度验收完成后进行。井底座主轴线应与管道主轴线保持一致。

2 井坑开挖应保证安全施工,应根据地质条件按现行标准的有关规定和设计文件要求采取放坡或支护措施开挖。

3 开挖时,临时堆土或施加其他荷载不得影响井坑的稳定性,堆土高度及其距井坑边缘的距离应符合现行标准的有关规定和设计文件要求。

4 井坑开挖施工工作面宽度应符合施工要求。井坑最小净尺寸应按下式计算：

$$B = D + 2b \quad (6.3.1)$$

式中：B——井坑底部净尺寸(mm)；

D——井底座外径(管件井为管道公称直径)(mm)；

b——检查井井底座一侧工作面净宽(mm),宜按表 6.3.1 选取,当井坑底需设排水沟时,工作面宽度应按排水沟宽度加宽。

表 6.3.1 检查井井底座一侧工作面宽度

井底座公称直径(mm)	工作面净宽 b(mm)
$DN \leqslant 2\ 000$	400

6.3.2 井坑底部的砖、石等坚硬物体应清除。

6.3.3 当地下水位高于坑底时,应把地下水降至井坑最低点500 mm以下。

6.3.4 施工时,若井坑被水浸泡,应将水排出,清除被浸泡的土层,换填砾石砂或中粗砂,夯实达到设计要求后再进行下道工序。

6.3.5 检查井应安装在符合设计要求的基础上。

6.3.6 砂、砾石基础应按沿管道方向及沿管道垂直方向采用不小于检查井直径加 400 mm 的基础尺寸铺垫,并应摊平、压实,其压实系数不应小于 0.90。

6.4 井的安装

6.4.1 检查井的安装应符合下列规定:

　　1 检查井在安装前,应对断面变形量进行测量,并做好记录。

　　2 检查井采用人工或机械设备吊装时,应采用非金属绳(带)吊装。

　　3 检查井安装时,先用临时垫块对井室中心、主轴线、井底标高和井室水平进行调整。符合设计要求后,采用砂土袋等稳固措施进行临时固定,并填充粗砂,取出垫块。

　　4 检查井安装时,不得扰动基础。当基础受到损坏时,应采取有效的补救措施。

6.4.2 井底座的校正与固定应按下列规定进行:

　　1 水平校正可采用气泡水平尺检验。校正时,先校管道轴线方向,后校与管道轴线垂直方向。

2 井底座的轴线校正可采用拉线方式进行。
　　3 井底座的标高校正应采用水准仪进行。
　　4 校正过程中,可用少量粗砂将井底座进行稳固处理。
6.4.3 对带有落底结构的井底座,井底宜采用 C20 混凝土填充固化后,再下沟安装。
6.4.4 检查井与管道的连接安装应按下列顺序进行:
　　1 市政管道应从管道的下游向上游延伸的顺序进行安装。
　　2 按井→管→井→管顺序安装。
　　3 在管道基础的轴线上,先确定井的中心位置;按检查井的尺寸开挖井坑,铺设基础;调整井坑标高,然后进行检查井的安装,并与管道连接。
6.4.5 井筒的连接方式可采用橡胶密封圈承插连接或焊接,以保证连接的密封性。
6.4.6 井底座接口与管道的连接应按下列规定进行:
　　1 接口的连接施工方法应与管道的连接施工方法相一致。
　　2 井底座接口与同材质的管道相接时,应管顶平接。
　　3 井底座接口与非同材质的管道相接时,应采用现行标准和规范规定的连接方法进行连接或补强。
6.4.7 井筒的安装与连接应按下列规定进行:
　　1 井筒与井底座的上承口连接,应在井底座安装后进行。
　　2 插接时,应采用专用的收紧工具,不得使用重锤直接敲打,并应及时调整井筒的垂直度。
　　3 当井底座井位中心和井筒垂直度调整好后,应及时固定,并封堵井筒上管口。
　　4 在插接前,应对井筒断面尺寸进行测量,并做好记录。
　　5 检查井安装连接完毕后,应回填至满足检查井抗浮稳定的高度后方能停止降水。当检查井安装结束尚未回填遭水淹,发生位移、漂浮或拔口时,应返工处理。

6.5 井筒接管

6.5.1 在井筒上接支管时,宜在厂内预留支管接口,根据支管的管径和数量确定支管的连接方式。

6.5.2 当井筒上采用有口井筒承插连接时,应按下列顺序进行：

1 在井底座安装后进行。

2 根据支管标高和井底座上承口标高之差,取第一节井筒管的长度,并将它与井底座上口承插连接或焊接。

3 然后有口井筒插到第一节井筒管上,并临时封堵支管接口。

4 接着将下一节井筒管插入有口井筒上,并及时封堵井筒管管口。

5 应及时调整塑料排水检查井的垂直度,并加以固定。

6.5.3 井筒安装完毕的塑料排水检查井,应根据沟槽地下水的状况,及时采取防漂浮的措施。

6.6 井坑回填

6.6.1 井坑回填应按照设计要求在管道和检查井验收合格后进行。当遇雨季或地下水位较高时,应及时回填。

6.6.2 井坑回填应按现行行业标准《埋地塑料排水管道工程技术规程》CJJ 143 的有关规定及设计要求执行,并应符合下列规定：

1 应从井底座自下而上分层、对称回填并夯实,且应与管道沟槽的回填同步进行,每层厚度不宜超过 300 mm。

2 连接管件下部应夯实至规定压实系数。

3 回填应采用电动打夯机或木夯等轻型夯实工具对称夯实,不得使检查井产生位移和倾斜,不得机械回填,回填密实度应符合设计要求。

4 回填过程中应及时复核井室垂直度,防止因回填不当造成的井室倾斜。

5 回填时井坑内应无积水,不得带水回填,不得回填淤泥、湿陷性土、膨胀土及冻土;回填土中不得含有石块、砖块及其他硬杂物。

6 当雨季或地下水位较高地区施工时,应采取防止检查井上浮的措施。

6.6.3 当检查井位于道路路基范围内时,应采用石灰土、砂、砂砾等材料回填,其每侧回填宽度不宜小于 400 mm。

6.6.4 当沟槽采用特制排水低强度流态回填材料等具有流动性的回填材料时,应对井室四周采取稳井措施后再按回填材料技术要求回填至设计标高。

6.7 盖座系统的安装

6.7.1 采用分离式结构的塑料排水检查井,盖座系统的安装应与道路路面同时施工,基座、基座基础应为钢筋混凝土预制构件。

6.7.2 盖座系统的安装要求应满足现行上海市建筑标准设计《道路检查井通用图集》DBJT 08—119 的相关规定。

6.7.3 采用防沉降基座(基座+基座基础)的塑料排水检查井,基座基础下应铺设 150 mm 的 C20 素混凝土垫层;采用普通基座的塑料排水检查井,基座下的垫层材料可采用级配砂石、路床材料或 C20 混凝土垫层。

6.7.4 采用防沉降基座(基座+基座基础)的塑料排水检查井,可不设置挡圈;采用普通基座的塑料排水检查井,基座下的垫层铺设前,应在井筒外侧放置挡圈,并在井筒与挡圈之间的缝隙中做好防渗水措施。

6.7.5 基座、基座基础吊装就位前,应先用小木桩在垫层上进行定位,保证基座、基座基础的孔口与井筒同心。

6.7.6 道路路面施工时,应在基座上安装塑料排水检查井井盖和井座。

6.7.7 基座安装应在挡圈安装完成后进行,并应符合下列规定:

1 基座、垫层的结构、尺寸应符合现行上海市建筑标准设计《道路检查井通用图集》DBJT 08—119 的有关规定。

2 安装后,基座底部与井筒顶部之间的间隙不应小于50 mm。

3 基座应水平安装,圆心应与井筒中心轴线同心。

6.7.8 盖座系统安装前应测量井筒的长度,并应切割井筒的多余部分。切割后的井筒顶面应水平、平整。

6.7.9 井盖应按检查井的输送介质性质确定,污水井盖和雨水井盖等不得混淆。

6.7.10 安装井盖时,井盖不得偏移,并应与井筒的轴心对准,安装后应将周围均匀回填至设计要求高度。

7 质量检验与验收

7.1 产品质量检验

7.1.1 检查井的内外表面应光滑平整,产品上应有永久性品牌标识,无气泡、变形、裂口、脱皮和明显的痕纹、凹陷,且色泽基本一致,接口完好,无破损变形。

7.1.2 检查井的井底座、井筒、配件、井盖及密封材料等均应符合国家和行业有关产品标准的要求,并应有出厂质量合格证书、型式(性能)检验报告、备案证明、使用说明书。

7.1.3 检查井型式试验应按照标准执行,其中轴向荷载、负压试验、抗剪切试验要求应符合表7.1.3的规定。

表7.1.3 检查井(HDPE及FRPM)型式试验要求

检测对象	项目	条件		要求	试验方法
检查井(含井底座)	轴向荷载	井筒井	井筒井径 700 mm,静载 90 kN,持荷 15 min	无明显变形,无破裂、裂缝	GB/T 41048
			井筒井径 1 000 mm,静载 125 kN,持荷 15 min		
			井筒井径 1 200 mm,静载 150 kN,持荷 15 min		
			井筒井径 1 500 mm,静载 200 kN,持荷 15 min		
		管件井	井筒井径 800 mm,静载 85 kN,持荷 15 min		
			井筒井径 1 000 mm,静载 105 kN,持荷 15 min		
			井筒井径 1 200 mm,静载 115 kN,持荷 15 min		

续表 7.1.3

检测对象	项目	条件	要求	试验方法
检查井（含井底座）	负压试验	5℃～35℃，负压 0.08 MPa，60 min	无明显变形，无破裂、裂缝	GB/T 41048
	抗剪切试验	荷载：5×连接管道接头管径 DN，单位：N	无破裂、裂缝	GB/T 41048

7.1.4 检查井井筒及汇入管应现场抽检，抽检范围应是同种材质、同种规格，且是同一批次生产。抽检指标要求应符合表 7.1.4-1、表 7.1.4-2 的规定。

表 7.1.4-1 检查井(HDPE)现场抽检指标

检测对象	项目	条件	要求	试验方法
井筒/汇入管	环刚度	见附录 B	符合附录 B 的要求	GB/T 9647
	环柔性	变形量为外径的 30%时立即卸荷	无分层，焊缝不开裂，无反向弯曲，无破裂	GB/T 39385
	抗冲击性能	温度(20±2)℃，锤重 1 kg，锤头类型 d90，试验高度 2.5 m	$TIR \leqslant 10\%$	GB/T 14152

表 7.1.4-2 检查井(FRPM)现场抽检

检测对象	项目	条件	要求	试验方法
井筒/汇入管	初始环刚度	加载速度 $v=3.50\times 10^{-4}\times D^2/t$ D——管的计算直径 t——管壁实际测试厚度 管直径变化量为计算直径的 3%	符合附录 B 的要求	GB/T 21238
	初始挠曲性	挠曲水平 A	管内壁无裂纹	GB/T 21238

续表7.1.4-2

检测对象	项目	条件	要求	试验方法
井筒/汇入管	初始轴向拉伸强力	—	$DN700: \geqslant 140$ kN/m $DN800: \geqslant 155$ kN/m $DN1000: \geqslant 180$ kN/m $DN1200: \geqslant 205$ kN/m $DN1500: \geqslant 243$ kN/m	GB/T 21238

7.2 井坑质量检验

7.2.1 井坑开挖质量应符合下列规定：

Ⅰ 主控项目

1 井坑支撑系统的材质规格、围护支撑方式应符合设计要求。

检验方法：全数观察；检查施工方案、材料质量保证资料、施工记录。

2 井坑坑底应无超挖和扰动现象，天然地基应符合设计要求；当发生超挖、扰动或天然地基不符合要求时，应按设计要求进行地基处理。

检验方法：逐井检查；观察，对照设计文件检查施工记录、地基处理记录及相关地基检测报告；用钢尺、水准仪或全站仪测量井坑坑底标高和回填厚度，用环刀法检验回填压实度。

3 井坑支撑方式应符合规范规定和设计要求，并应与同步施工的管道沟槽形成整体支撑体系。

检验方法：逐井检查；观察，检查施工方案与施工技术措施资料、施工记录。

4 井坑坑底应密实平整，无隆沉、渗水现象；支护体系应稳定，无变形、渗水等现象。

检验方法:逐井检查;观察,检查施工方案与施工技术措施资料、施工记录、监测记录。

Ⅱ 一般项目

5 井坑围护支撑排桩线形应直顺、垂直,钢板桩锁口咬合应紧密;钢制斜牛腿节点焊缝检查应符合设计要求;钢围檩与钢板桩整体联系应紧密,安装位置应正确。

检验方法:逐井检查;观察,用钢尺、小线、水准仪、经纬仪等辅助检查,对照设计文件检查检验记录、施工记录。

6 降排水设施应运行正常,明排水布置应合理有效。

检验方法:逐井检查;观察,检查施工方案、施工记录。

7.2.2 检查井的基础质量应符合下列规定:

Ⅰ 主控项目

1 基础所用砂、石材料应符合设计要求。

检验方法:逐井检查;观察,对照设计文件检查砂石材料的质量保证资料、复试报告。

2 砂、石基础的厚度、压实度应符合设计要求;设计未要求时,基础压实系数不应小于0.90,基础厚度允许偏差为10 mm。

检验方法:逐井检查;观察,对照设计文件检查砂、石压实度试验报告,用钢尺、水准仪量测基础厚度(纵向中心线每侧应不少于2点),用环刀法或密实度检测仪等检验基础压实度(不少于2处)。

Ⅱ 一般项目

3 砂、石基础应按设计要求尺寸铺垫,并应摊平压实。

检验方法:逐井检查;观察,检查施工记录。

4 砂、石基础应与井底座底部、相邻连接管道底部接触均匀,无空隙。

检验方法：逐井检查；观察，检查施工记录。

5 检查井基础的允许偏差应符合表7.2.2的规定。

表7.2.2 检查井基础的允许偏差

检查项目		允许偏差(mm)或要求	检查数量		检查方法
			范围	点数	
1	基础中心位置	±10	每座井	1	挂中心线用经纬仪或全站仪量测
2	基础顶面高程	0，−15		5	用水准仪量测，纵向、横向中线各2点，中心1点
3	基础顶面平整度	10		2	用2m直尺和塞尺量测，纵向、横向各1点
4	基础宽度	纵向两侧	0，10		4	挂中心线用钢尺量测，每侧2点
		横向两侧	0，10		4	挂中心线用钢尺量测，每侧2点

7.3 安装质量检验

7.3.1 检查井的安装质量应符合下列规定：

Ⅰ 主控项目

1 井底座安装应就位稳固，连接方向应与管道一致；井底高程、井中心安装允许偏差应符合表7.3.2的规定。

检验方法：逐井检查；观察，对照设计文件检查施工记录、检验记录。

2 井底座、井筒、配件、井盖及密封材料等部件预拼装检验合格；安装时各部件连接处、与各汇入和流出管道连接处的接口安装到位；安装后各部件径向变形、井筒垂直度应符合表7.3.2的规定。

检验方法:逐井检查;观察,检查预拼装检验记录、施工记录、检验记录。

3 塑料排水检查井的井底座、井筒环向变形量,应在井坑回填至设计标高后的 12 h 至 24 h 内进行测量,其变形量应符合表 7.3.2 的规定。

检验方法:逐井检查;观察,检查施工记录、测量记录。

4 塑料排水检查井井盖座标高与道路路面标高一致为合格。

检验方法:每井盖座 4 点,用水准仪量测。

Ⅱ 一般项目

5 管道与井底座连接应正确,接口胶圈应无脱落,管道应无倒坡现象,井及管道内应无杂物。

检验方法:逐井检查;观察,检查施工记录。

6 各类连接管件安装应正确,接口连接应紧密可靠,相关接口应按设计要求密封补强。

检验方法:逐井检查;观察,对照设计文件检查接口连接记录、施工记录。

7 挡圈内壁与井筒外侧的间隙偏差在±5 mm 内为合格。

检验方法:内口对称 4 点,用钢尺量测。

8 道路上的井盖与道路路面的坡度保持一致为合格。

检验方法:井盖中心,道路路面坡向,用水准仪量测。

7.3.2 检查井安装允许偏差应符合表 7.3.2 的规定。

表 7.3.2 检查井安装允许偏差

	检查项目	允许偏差(mm)或要求	检查数量		检查方法
			范围	点数	
1	主控项目 井底高程	±10	每座井	5	用水准仪或全站仪量测,沿井内径量测纵向、横向中线各 2 点及中心 1 点

续表7.3.2

	检查项目	允许偏差(mm)或要求		检查数量		检查方法
				范围	点数	
2	主控项目	井中心位置	<15		1	挂中心线用经纬仪或全站仪量测
3		安装后各部件径向变形率	<1%DN	每部件	2	用钢尺量测并计算,每部件取距上、下连接端面 100 mm 的2个断面
4		井筒垂直度(产品尺寸)	<0.3%H	每座井	1	挂垂线用钢尺量测并计算,环向等分四点取最大值1点
5		井坑回填至设计标高后12 h 至 24 h内各部件径向变形率	<3%DN或初始变形量的2/3	每部件	2	用钢尺量测并计算,每部件取距上、下连接端面 100 mm 的2个断面
6		井坑回填至设计标高后12 h 至 24 h内井筒垂直度	<2.0%H	每座井	1	挂垂线用钢尺量测并计算,环向等分四点取最大值1点
7		各部件相邻错口	≤5	每相邻部件	2	用钢尺、靠尺等量测,取最大值2点
8	一般项目	井底座接口与管道相对位置	高差 ±10	每座井	每接口	用钢尺或水准仪量测计算
			水平 ±10			用经纬仪或挂中线用钢尺量测计算
9		井筒顶面高程	车行道 −5,0	每座井	4	用水准仪量测,纵向、横向中线各2点
			非车行道 ±10			

注:DN 为管道公称直径(mm),H 为井高度(mm)。

7.4 密闭性试验

7.4.1 检查井产品本身的密闭性试验,应按型式试验要求检测其密闭性能,合格后方能使用。

7.4.2 检查井与管道连接后的系统密闭性能检测,可按现行上海市工程建设规范《埋地塑料排水管道工程技术标准》DG/TJ 08—308 和《玻璃纤维增强塑料夹砂排水管道施工及验收标准》DG/TJ 08—234 的相关规定,采用闭水或者闭气试验的方法检测系统密闭性能。

7.5 竣工验收

7.5.1 检查井的竣工验收应与管道工程竣工验收同时进行。

7.5.2 检查井井盖的竣工验收应与道路路面竣工验收同时进行。

7.5.3 检查井属隐蔽工程,应对检查井的安装偏差、高程、规格尺寸、变形率、连接处密封性能等指标进行检验。检验结果应填写在隐蔽工程验收记录表中。

7.6 验收文件

7.6.1 竣工验收应提供以下文件:
1 竣工图纸和设计变更文件。
2 检查井及各类部件的出厂合格证明。
3 检查井及各类部件进场的质量查验记录。
4 检查井施工记录、隐蔽工程验收记录及相关资料。
5 工序、分项工程质量检验评定记录或工程质量评定报告。
6 检查井闭水(闭气)试验记录。

7 检查井井底座、井筒的变形检验记录。
8 工程返工记录和工程质量事故处理记录。
9 其他必要的文件和记录等。

8 维修养护

8.0.1 检查井的清通宜采用专用的水力疏通机械,与管道系统一起清通。

8.0.2 当需人工下井作业时,必须先对检查井进行充分、有效的通风,确保下井作业人员安全。

8.0.3 雨水塑料检查井内的积泥,宜采用机械吸泥工具清理。如采用人工清理,应采用专用清挖工具。

8.0.4 检查管道积泥情况,不得下井探测,宜采用检查镜目测。

8.0.5 实施维修养护时,在检查井周围应有醒目的警示用围栏(绳)。

8.0.6 实施维修养护后,应按原状及时盖好井盖。

附录 A 检查井样式图

A.0.1 井筒直壁式直线检查井,如图 A.0.1-1 和图 A.0.1-2 所示。

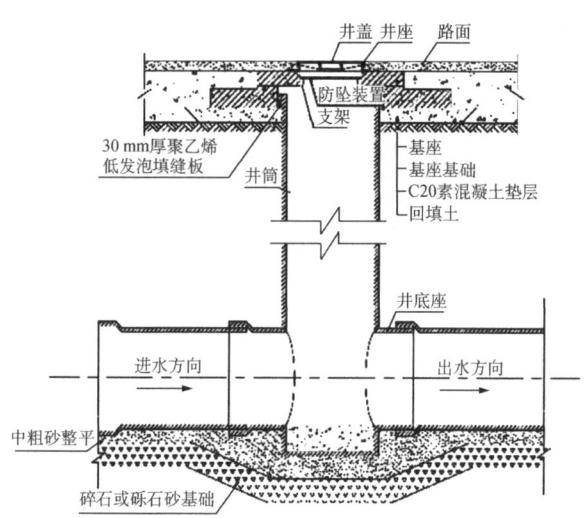

图 A.0.1-1 井筒直壁式直线检查井(不落底)

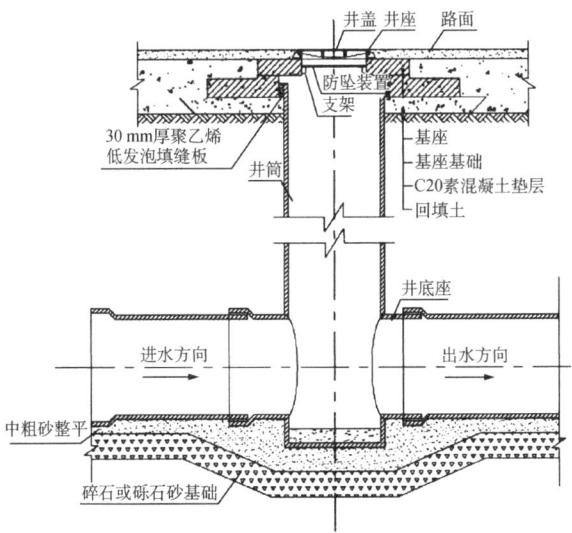

图 A.0.1-2 井筒直壁式直线检查井（落底）

A.0.2 井筒收口式直线检查井，如图 A.0.2-1 和图 A.0.2-2 所示。

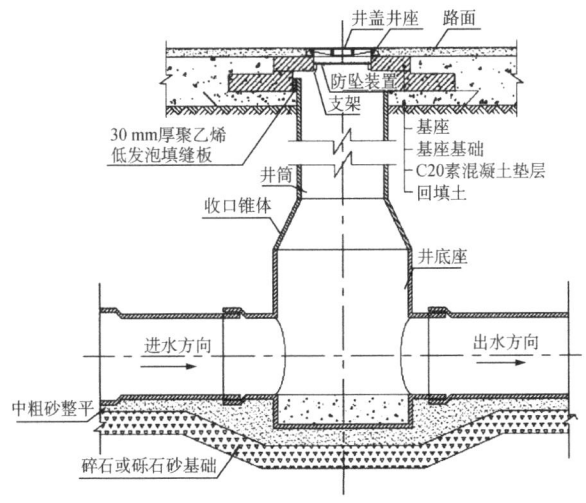

图 A.0.2-1 井筒收口式直线检查井（不落底）

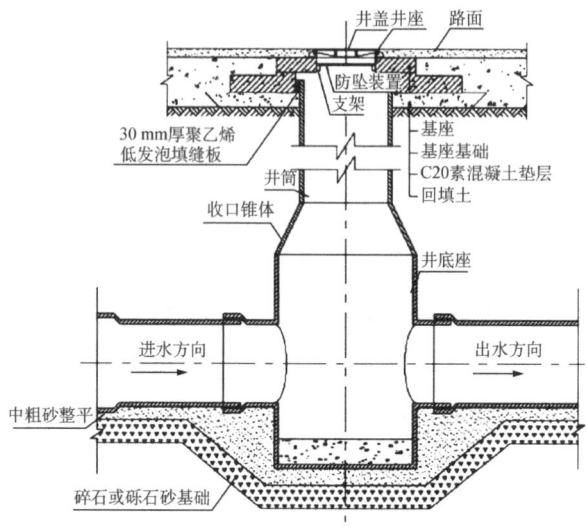

图 A.0.2-2 井筒收口式直线检查井(落底)

A.0.3 管件式直线检查井,如图 A.0.3 所示。

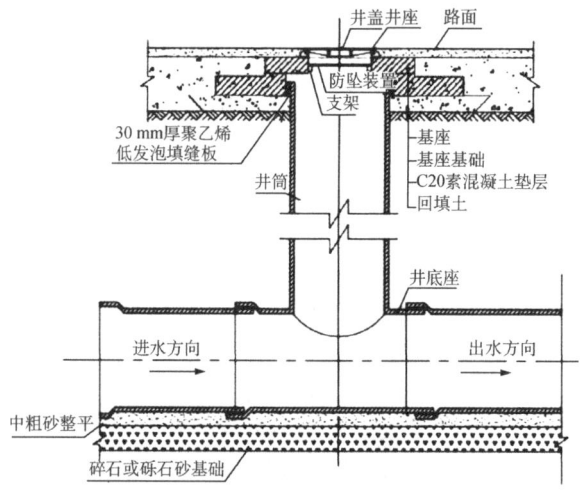

图 A.0.3 管件式直线检查井(不落底)

附录 B 直线塑料排水检查井强度及壁厚选用表

表 B-1 井筒式检查井壁厚选用表

类型	汇入管直径 DN (mm)	汇入管覆土高度 h (m)	井底座公称直径 D (mm)	井底座最小平均内径 $DN_{1,min}$ (mm)	检查井基材 HDPE 最小内层壁厚 e_1 (mm)	检查井基材 HDPE 最小肋厚 k (mm)	检查井基材 HDPE 最小结构高度 e_c (mm)	检查井基材 FRPM 最小壁厚 t (mm)	井底座强度等级(环刚度)SN (kN/m²)
直壁式	300	$h\leqslant3$	700	673	2.8	7.0	35	16	$\geqslant8$
直壁式	400~600	$h\leqslant2$	700	673	2.8	7.0	35	16	$\geqslant8$
直壁式	700~800	$h\leqslant2$	1000	985	3.5	9.0	45	17	$\geqslant8$
直壁式	900~1000	$h\leqslant2$	1200	1185	4.1	9.5	58	20	$\geqslant8$
收口式	300	$3<h\leqslant6$	1000	985	4.1	9.5	50	21	$\geqslant10$
收口式	400~600	$2<h\leqslant3$	1000	985	3.5	9.0	45	17	$\geqslant8$
收口式	400~600	$3<h\leqslant4$	1000	985	4.1	9.5	50	21	$\geqslant10$
收口式	400~600	$4<h\leqslant6$	1200	1185	5.0	12.0	62	25	$\geqslant10$
收口式	700~800	$2<h\leqslant3$	1000	985	3.5	9.0	45	17	$\geqslant8$
收口式	700~800	$3<h\leqslant6$	1200	1185	5.0	12.0	62	25	$\geqslant10$
收口式	900~1000	$2<h\leqslant3$	1200	1185	4.1	9.5	58	20	$\geqslant8$
收口式	900~1000	$3<h\leqslant6$	1500	1485	6.5	16.0	70	31	$\geqslant10$

表 B-2 管件式检查井壁厚选用表

类型	汇入管直径 DN (mm)	汇入管覆土高度 h (m)	井筒直径 D (mm)	井筒最小平均内径 $DN_{L,min}$ (mm)	检查井基材					井筒强度等级(环刚度)SN (kN/m^2)
					HDPE			FRPM		
					最小内层壁厚 e_1 (mm)	最小肋厚 k (mm)	最小结构高度 e_c (mm)	最小壁厚 t (mm)		
管件式	1 200	$h \leqslant 3$	700	673	2.8	7.0	35	16		$\geqslant 8$
			800	785	2.8	7.0	40	17		
		$3 < h \leqslant 6$	700	673	2.8	7.0	40	21		$\geqslant 10$
			800	785	3.0	8.0	42	21		
	1 300~1 400	$h \leqslant 3$	700	673	2.8	7.0	35	16		$\geqslant 8$
			800	785	3.5	9.0	40	17		
			1 000	985	2.8	7.0	45	17		
		$3 < h \leqslant 6$	700	673	3.0	8.0	40	21		$\geqslant 10$
			800	785	4.1	9.5	42	21		
			1 000	985	2.8	7.0	50	21		
	1 600~2 000	$h \leqslant 3$	700	673	2.8	7.0	35	16		$\geqslant 8$
			800	785	3.5	9.0	40	17		
			1 000	985	4.1	9.5	45	17		
			1 200	1 185	2.8	7.0	58	20		
		$3 < h \leqslant 6$	700	673	2.8	7.0	40	21		$\geqslant 10$
			800	785	3.0	8.0	42	21		
			1 000	985	4.1	9.5	50	21		
			1 200	1 185	5.0	12.0	62	25		

附录C 检查井工程质量验收记录表

表C 检查井工程质量验收记录表

工程名称				检查井编号		
项目			允许偏差	施工偏差		检验评定
				部位	偏差	
主控项目	井底标高		±10 mm	1		
				2		
	井中心偏差		15 mm	井中心		
	井筒直径变形		≤3%D_0	1		
				2		
	密封性		不渗不漏	接口		
一般项目	井室(筒)垂直度		≤0.3%H	1		
				2		
	井口标高		±10 mm	1		
				2		
	流槽		外观平整光滑	□合格	□不合格	
	连接管件	内径	±10 mm	1		
				2		
		标高	±10 mm	管内底		
		偏转角	±2°	1		
施工单位检查评定结果			项目专业检验员： 项目专业质检(技术)负责人：			年 月 日
监理(建设)单位验收结论			监理工程师 (建设单位项目技术负责人)：			年 月 日

本标准用词说明

1 为便于在执行本标准条文时区别对待,对于要求严格程度不同的用词说明如下:

1) 表示很严格,非这样做不可的用词:
正面词采用"必须";
反面词采用"严禁"。

2) 表示严格,在正常情况下均应这样做的用词:
正面词采用"应";
反面词采用"不应"或"不得"。

3) 表示允许稍有选择,在条件许可时首先应这样做的用词:
正面词采用"宜"或"可";
反面词采用"不宜"。

4) 表示有选择,在一定条件下可以这样做的用词,采用"可"。

2 条文中指明应按其他有关标准执行的写法为"应按……执行"或"应符合……的规定(要求)"。

引用标准名录

1 《建筑地基基础设计规范》GB 50007
2 《混凝土结构设计规范》GB 50010
3 《室外排水设计标准》GB 50014
4 《给水排水工程构筑物结构设计规范》GB 50069
5 《给水排水构筑物工程施工及验收规范》GB 50141
6 《混凝土结构工程施工质量验收规范》GB 50204
7 《给水排水管道工程施工及验收规范》GB 50268
8 《给水排水工程管道结构设计规范》GB 50332
9 《埋地用聚乙烯(PE)结构壁管道系统 第 2 部分:聚乙烯缠绕结构壁管材》GB/T 19472.2
10 《玻璃纤维增强塑料夹砂管》GB/T 21238
11 《橡胶密封件 给、排水管及污水管道用接口密封圈 材料规范》GB/T 21873
12 《检查井盖》GB/T 23858
13 《城镇排水管道维护安全技术规程》CJJ 6
14 《城市桥梁设计规范》CJJ 11
15 《埋地塑料排水管道工程技术规程》CJJ 143
16 《塑料排水检查井应用技术规程》CJJ/T 209
17 《市政排水用塑料检查井》CJ/T 326
18 《建筑地基处理技术规范》JGJ 79
19 《地基基础设计标准》DGJ 08—11
20 《地基处理技术规范》DG/TJ 08—40
21 《玻璃纤维增强塑料夹砂排水管道施工及验收标准》DG/TJ 08—234

22 《埋地塑料排水管道工程技术标准》DG/TJ 08—308
23 《城镇排水工程施工质量验收规范》DG/TJ08—2110
24 《道路检查井通用图集》DBJT 08—119

上海市地方标准化指导性技术文件

市政用埋地塑料排水检查井技术标准

DB31 SW/Z 041—2023

条 文 说 明

2024 上海

目 次

3 材料及要求 ……………………………………………… 58
　3.1 一般规定 …………………………………………… 58
　3.3 井　筒 ……………………………………………… 58
　3.4 配　件 ……………………………………………… 58
　3.5 密封材料 …………………………………………… 59
4 系统设计及选用 ………………………………………… 60
　4.1 一般规定 …………………………………………… 60
　4.2 检查井系统设计 …………………………………… 60
　4.3 检查井选用 ………………………………………… 61
　4.4 盖座系统的选用 …………………………………… 61
5 结构设计 ………………………………………………… 62
　5.1 一般规定 …………………………………………… 62
　5.2 永久作用标准值 …………………………………… 62
　5.3 可变作用标准值、准永久值系数 ………………… 63
　5.4 抗浮计算 …………………………………………… 63
　5.5 强度计算 …………………………………………… 63
　5.6 压曲稳定计算 ……………………………………… 64
7 质量检验与验收 ………………………………………… 65
　7.1 产品质量检验 ……………………………………… 65

3 材料及要求

3.1 一般规定

3.1.2 根据目前常用的塑料排水检查井应满足的功能、井室（筒）的形式及地面荷载种类，分类列举了市政用埋地塑料排水检查井的种类。

3.3 井 筒

3.3.3 井筒材料的环刚度应按设计的最不利条件进行核算，考虑到我国目前产品的实际情况，规定了井筒的最小环刚度，本标准要求环刚度不应小于 $8\ kN/m^2$。

3.4 配 件

3.4.2 本条是收口锥体的力学性能指标，收口锥体荷载组合设计值根据水平荷载设计值和竖向荷载设计值的合力，大致相当于侧向主动土压力的 $\sqrt{3}$ 倍再加上地下水压力。

3.4.3 挡圈的规格尺寸应根据基座基础厚度和井筒与承压盖板之间的间隙确定，由生产商配套提供。

3.4.4 检查井连接管件是市政用埋地塑料排水检查井应用中不可缺少的原件，为适应管道连接时变角、变坡、变径等需要，生产企业可根据工程需要开发便于施工的管件与配件。管件根据生产工艺的不同，应按其生产工艺对应标准的相关要求执行。

3.5 密封材料

3.5.1 本节对管道连接的密封材料提出要求,对排水管道系统防渗漏有重要意义。检查井井底座与管道、井筒采用承插连接时,必然用到密封材料,可使用橡胶密封圈承插连接。

4 系统设计及选用

4.1 一般规定

4.1.5 检查井接入管径大于 300 mm 的支管过多,维护管理工人会操作不便;塑料检查井接入支管过多时可能对检查井结构稳定性产生影响。因此,规定支管数不应超过 3 根。

4.2 检查井系统设计

4.2.1 根据现行国家标准《室外排水设计标准》GB 50014 的要求,位于车行道的检查井应采用具有足够承载力和稳定性良好的井盖与井座。上海地区施工时应根据现行上海市建筑标准设计《道路检查井通用图集》DBJT 08—119 的要求选用井盖井座。本条结合塑料检查井使用情况作出具体要求。

4.2.2 本条为结合检查井结构构造特点设置。当接入管管径大于或等于 600 mm 时,现场开孔施工难度较大,可能影响接入管与井筒的连接。因此,接入管管径大于或等于 600 mm 时,不应采用现场开孔的方式,而应在厂内制作完成。

4.2.3 检查井与同材质排水管道连接时,可采用同材质排水管道接口连接,可以提升接口密封性,降低施工难度,消除不均匀沉降的影响;排水管道与不同材质塑料检查井连接时,应设置专用过渡接头,并应采用弹性橡胶密封圈柔性连接的方式进行连接,必要时可采用热收缩带(套)补强;在闭合管段进行井和管的连接时,应采用套筒等特殊管件连接。

4.2.4 检查井与管道连接时,在连接处经常需要挖操作坑,而操作坑的回填密实度很难达到规定要求,故容易造成不均匀沉降。因此,在施工回填的过程中要尤其注意检查井与管道的连接处的回填方案,采取有效的措施以防止不均匀沉降造成管网破坏。

4.3 检查井选用

4.3.1 汇入管直径大于或等于1 200 mm时,若选用井筒式检查井,需要匹配更大直径的井筒,带来运输、交通、施工、成本的各方面问题,不能发挥市政用埋地塑料排水检查井的原有优势,综合性价比低于管件式塑料排水检查井。因此,1 200 mm及以上大口径塑料排水检查井在应用时,宜优先选用管件式检查井。
4.3.2 选用非直线塑料检查井时,井筒式检查井具有更广泛的适用性,检查井的结构强度也更稳定。
4.3.4 考虑上海市塑料检查井实际情况,对不同埋深及管径的管道选用检查井规格进行了具体规定。

4.4 盖座系统的选用

4.4.2 井盖承载等级应符合现行国家标准《检查井盖》GB/T 23858的要求。位于车行道时,井盖承载等级不应低于D400;位于人行道时,井盖承载等级不应低于C250;位于绿化带时,井盖承载等级不应低于B125。

5 结构设计

5.1 一般规定

5.1.2 结构设计使用年限 50 年是按照现行国家标准《工程结构可靠性设计统一标准》GB 50153 所规定的原则确定的,这与一般排水管道、构筑物的设计使用年限一致。

5.1.4 检查井结构内力计算应按整体变形协调计算,本标准进行了简化假定。

5.1.6 塑料排水检查井结构形式复杂,特别是管件井,为受力状态非常复杂的空间受力结构。通过一般的理论公式推导,很难得出井室的内力,需要借助数值模拟工具来分析。

5.2 永久作用标准值

5.2.3 由于井筒周围径向压力的存在,以及回填土在夯实过程中的沉降和后期的沉降作用,井筒外壁受到回填土的向下的剪应力作用。检查井的回填土总下曳力即是回填土对井筒外壁的总摩擦力。回填土下曳力分成地下水之上和地下水之下两段分别计算后叠加。在地下水位之下,回填土处于饱和状态,土的重力密度、内摩擦角和井筒外壁摩擦系数有所改变。由于在地下水中回填土的内摩擦角无依据资料,其变化因素包含在回填土与井筒外摩擦系统之中。公式引用美国标准《埋地用 HDPE 检查井设计规程》ASTM F1759-97(2018)推荐的回填土下曳力计算公式。

5.3 可变作用标准值、准永久值系数

5.3.3 为了避免集中力直接作用在井筒上,检查井设置了钢筋混凝土防沉降基座。当车轮位于防沉降基座内时,考虑可能存在偏心作用,基座底部反力不一定是均匀的,可近似按照材料力学公式计算基座的底部反力。

5.4 抗浮计算

5.4.1 针对检查井设置在地下水较高的地区,塑料检查井的自重较小,水的浮力可能造成检查井浮起。其抗浮力为井的自重和回填土对井筒造成的下曳力。当计算检查井上浮力大于抗浮力时,应采取抗浮措施。可采用浇筑混凝土增大抗浮力的措施。

5.5 强度计算

5.5.2 井筒简化为平面应变问题,其环向压应力根据材料力学公式计算,由两部分叠加而成,一部分为径向压力产生的环向均匀压应力,另一部分由偏心弯矩产生。本条并不包括地面活荷载的作用,设计尚应考虑地面车辆荷载或堆积荷载产生的附加径向压力。本条及第5.5.3条的井筒主要指井筒收口式检查井收口锥体以上部分、井筒直壁式检查井及管件式检查井的井筒部分。
5.5.4 强度计算作用仅考虑地面车辆荷载和堆积荷载两种组合工况。闭水试验情况下的内水外空工况,由于井筒处于环向受拉状态,一般情况下不起控制作用,因此不列入强度计算作用组合工况。

5.6 压曲稳定计算

5.6.1 对于离心浇铸玻璃纤维增强塑料夹砂井,其环截面压曲稳定性也可按照中国工程建设标准化协会标准《离心浇铸玻璃纤维增强塑料夹砂管排水埋地管道工程技术规程》T/CECS 1130—2022 第 5.5.8 条计算。

7 质量检验与验收

7.1 产品质量检验

7.1.2 厂家提供的出厂质量合格证书、型式(性能)检验报告，检查井(HDPE)的主要力学性能指标应包括环刚度、冲击性能、环柔性等，管件物理力学性能应符合国家标准《埋地用聚乙烯(PE)结构壁管道系统 第2部分:聚乙烯缠绕结构壁管材》GB/T 19472.2—2017中表8的规定;检查井(FRPM)的初始力学性能指标应包括初始环刚度、初始环向拉伸强力、初始轴向拉伸强力及拉伸断裂应变、水压渗漏、初始挠曲性、初始环向弯曲强度。